유아 자신감 수학

만 3세 4권

논리와 측정 ①

머리말

놀이처럼 수학 학습

<유아 자신감 수학>은 놀이에서 학습으로 넘어가는 징검다리 역할을 충실히 하도록 기획한 교재입니다. 어린 아이들에게 가장 좋은 학습은 재미있는 놀이처럼 느끼게 공부하는 것입니다. 붙임 딱지를 손으로 직접 만져 보며 이리저리 붙이고, 보드 마커로 여러 가지 모양을 그리거나 숫자를 쓰다 보면 아이들이 수학이 재미있다는 것을 알고 자신감을 얻을 것입니다.

처음에는 함께, 나중에는 아이 스스로

아이의 첫 번째 수학 선생님은 바로 엄마, 아빠입니다. 그리고 최고의 선생님은 매번 알려주는 것보다는 스스로 할 수 있도록 방향을 제시해 주는 사람입니다. <유아 자신감 수학>은 알려 주기도 하고, 함께 해결하는 것으로 시작하지만, 나중에는 스스로 재미있게 반복할 수 있는 교재입니다.

아이의 호기심을 불러 일으키는 함께해요♡

함께해요♡가 표시된 내용은 한 번 풀고 다시 풀 때 조건을 바꾸어 새로운 문제를 내줄 수 있습니다. 풀 때마다 조금씩 바뀌는 문제를 통해서 재미있게 반복할 수 있습니다. 잘 이해하면 다음에는 조금 어렵게, 어려워하면 조금 쉽게 바꾸어서 아이의 흥미를 유발할 수 있습니다.

언제든지 다시 붙일 수 있는 <계속 딱지>

아이들이 반복하면서 더 높은 학습 효과를 볼 수 있는 부분을 엄선하여 반영구 붙임 딱지인 <계속 딱지>를 활용하게 하였습니다. 처음에 어려워해도 반복하면서 나아지는 모습을 지켜봐 주세요.

지은이 천종현

유아 자신감 수학 120% 학습법

가이드 영상

QR코드로 학습 의도 알아보기

주제가 시작하는 쪽에 QR코드가 있습니다. QR코드로 학습 의도, 목표, 여러 가지 활용 TIP을 알아보세요.

학습 준비를 도와 주세요.

함 께 해 요 ♥ 는 난이도를 조절하며 문제를 내주는 내용입니다. 보드 마커나 <계속 딱지>로 문제를 만들어 주세요.

한 번 공부한 후에는 보드 마커는 지우고, <계속 딱지>는 떼어서 제자리로 옮겨서, 함 께 해 요 ♥ 의 문제를 새롭게 바꾸어 주세요.

한두 번 딱지

계속 딱지

두 가지 붙임 딱지를 특징에 맞게 활용하세요.

한두 번 딱지 는 개념을 배우는 내용에 사용하는 붙임 딱지로 한두 번 옮겨 붙일 수 있는 소재로 되어 있습니다. 틀렸을 경우 다시 붙이는 것이 가능합니다. 떼는 것만 도와주세요.

계속 딱지 는 문제를 새로 내주거나 아이가 반복 연습이 필요한 내용에 반영구적으로 사용합니다. 한 번 공부하고 다시 사용할 수 있도록 옮기거나 떼어 주세요.

시작은

엄마와 함께

보드 마커와 붙임 딱지로
재미있게 배웁니다.

➡

이후엔

재미있게 스스로

보드 마커는 지우고,
계속 딱지는 옮긴 후
아이 스스로 공부합니다.

유아 자신감 수학 전체 단계

만 3세

구분	주제
1권	5까지의 수 알기
2권	모양의 구분
3권	5까지의 수와 숫자
4권	논리와 측정 ①

만 4세

구분	주제
1권	10까지의 수 알기
2권	평면 모양
3권	10까지의 수와 숫자
4권	논리와 측정 ②

만 5세

구분	주제
1권	20까지의 수와 숫자
2권	입체 모양과 표현
3권	연산의 기초
4권	논리와 측정 ③

논리와 측정 ①

이런 순서로 공부해요.

그림과 색깔

1 속성

색연필로 그림을 그렸어요. 색연필과 그림을 알맞게 선으로 이으세요.

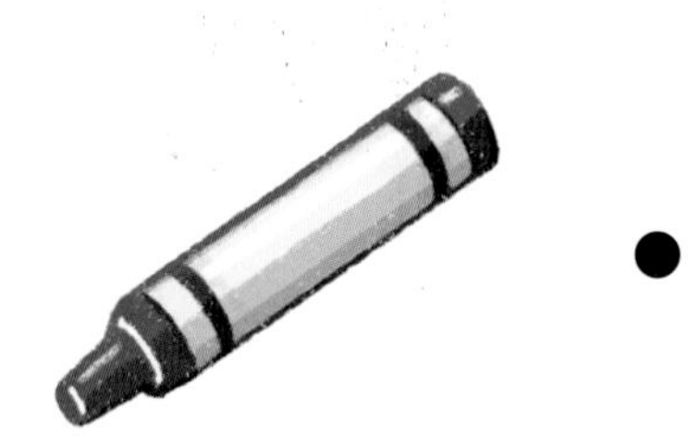

여러 개의 색연필로 그림을 그렸어요. 사용한 색연필에 모두 ○ 하세요.

과자와 모양

속성

모양 틀로 과자를 만들었어요. 모양 틀과 과자를 알맞게 선으로 이으세요.

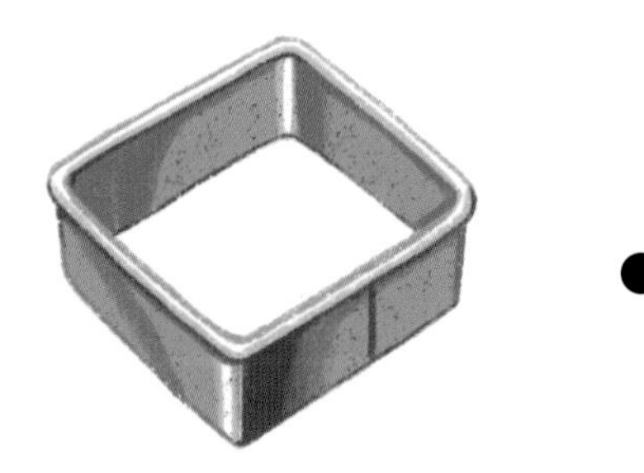

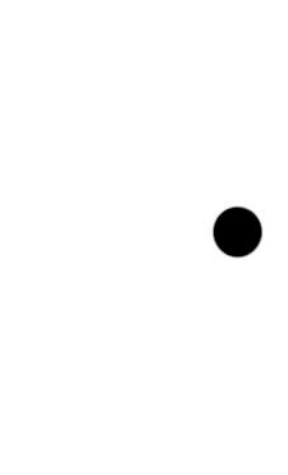

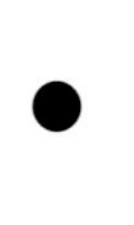

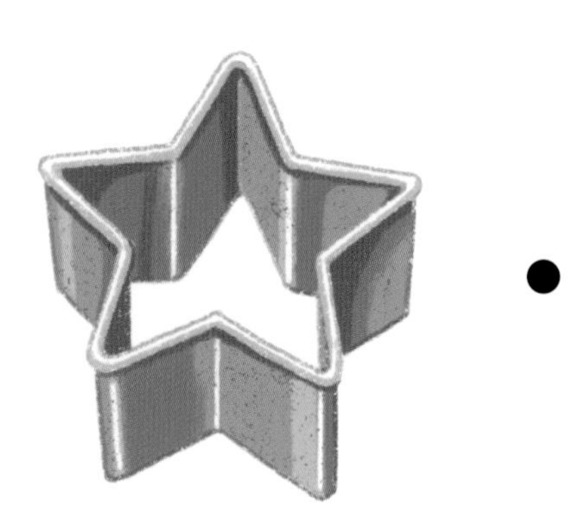

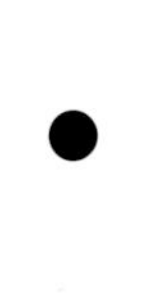

여러 개의 모양 틀로 과자를 만들었어요. 사용한 모양 틀에 모두 ○ 하세요.

색깔과 모양

공장에서 여러 가지 색깔의 숟가락, 젓가락, 포크를 만들어요.

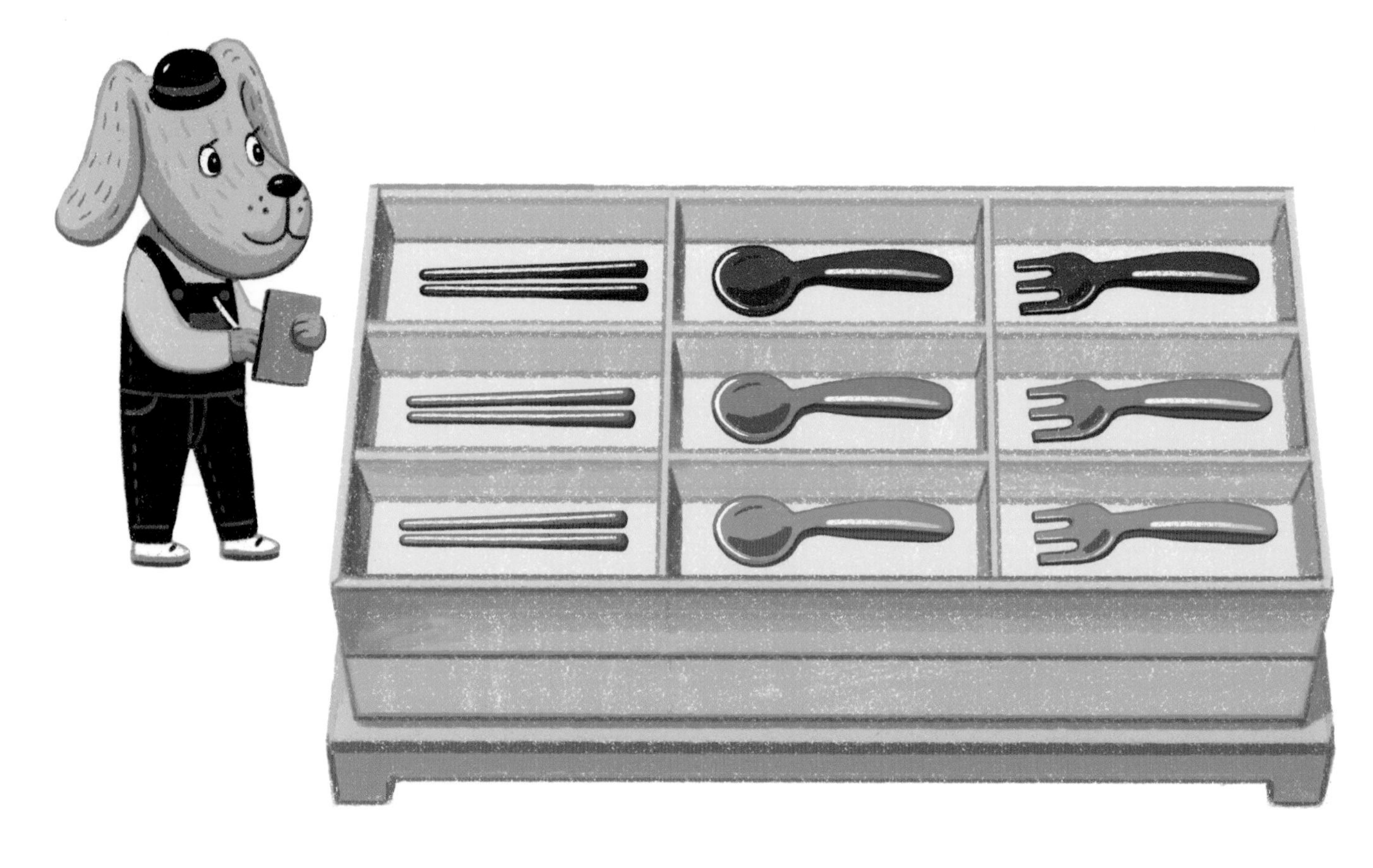

어떤 물건이 만들어질까요? 붙임 딱지를 알맞게 붙이세요. 계속딱지

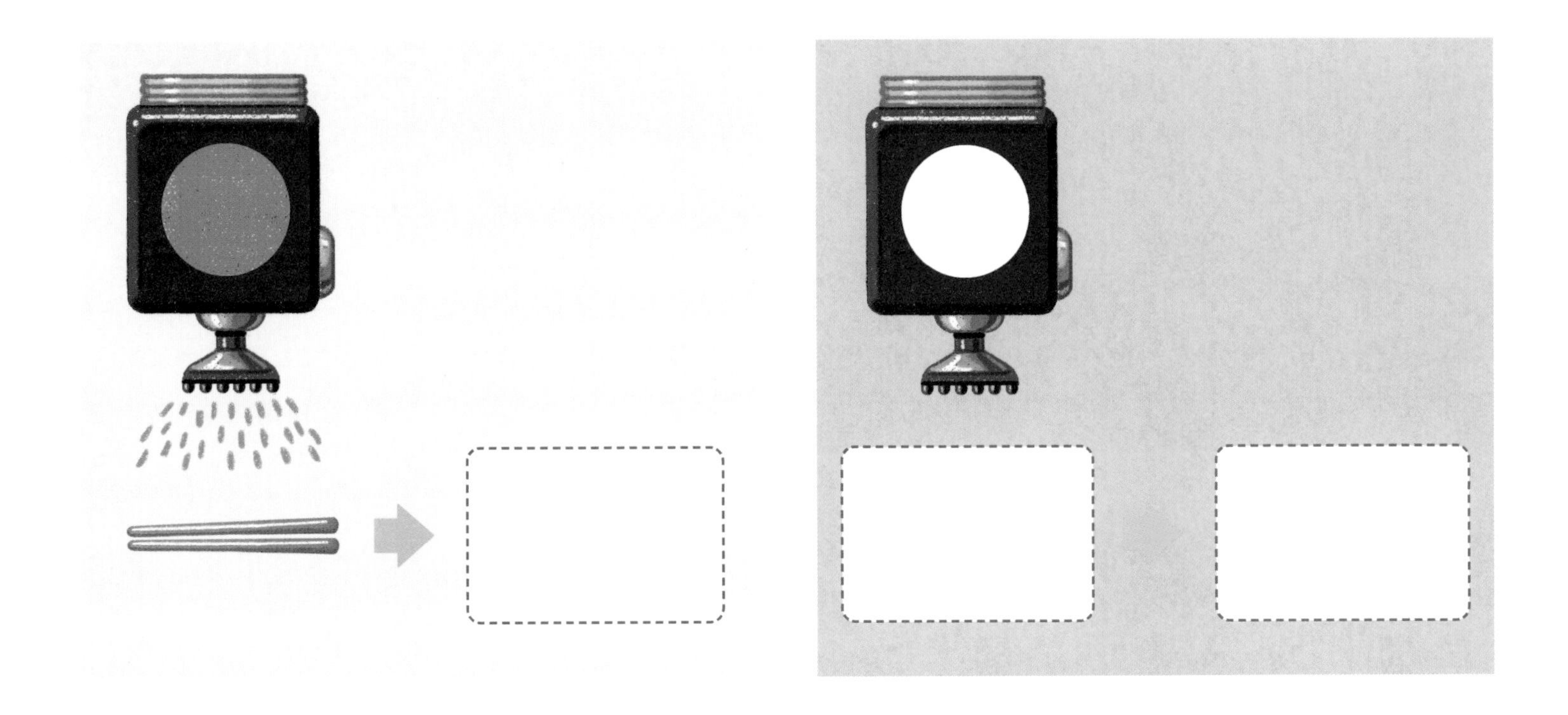

원하는 물건을 만들어 볼까요? 붙임 딱지를 알맞게 붙이세요. 계속딱지

위쪽 초록색 바탕의 그림에는 색깔 없는 물건과 색깔 붙임 딱지를 붙이고 아래쪽 초록색 바탕의 그림에는 색깔있는 물건 붙임 딱지를 붙여서 문제를 만들어 주세요.

정리

2 분류하기

식탁 위의 물건을 정리할 거예요. 무늬를 보고 붙임 딱지를 알맞게 붙이세요. 한두번딱지

공통점 1

2-1 분류하기

빈칸에 가장 어울리는 붙임 딱지를 하나씩 붙이세요. 한두 번 딱지

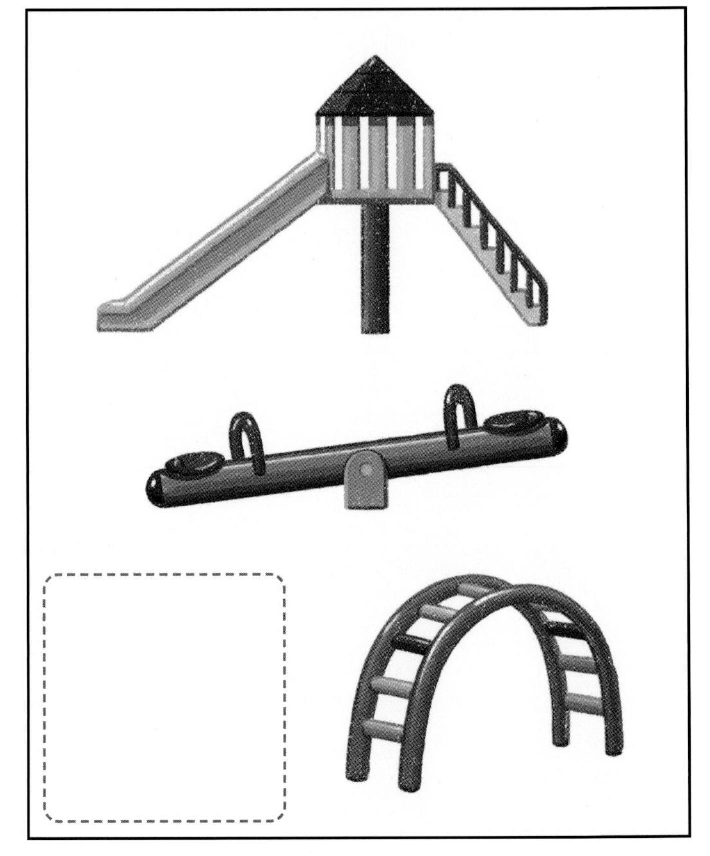

도깨비 가족

2-2 분류하기

○ 안의 그림을 보고 도깨비들을 둘로 나누려고 해요. 붙임 딱지를 알맞게 붙이세요. 계속딱지

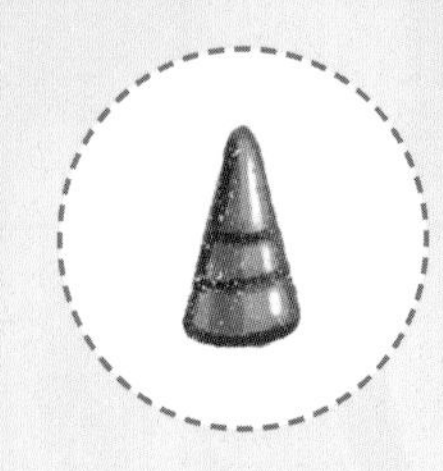

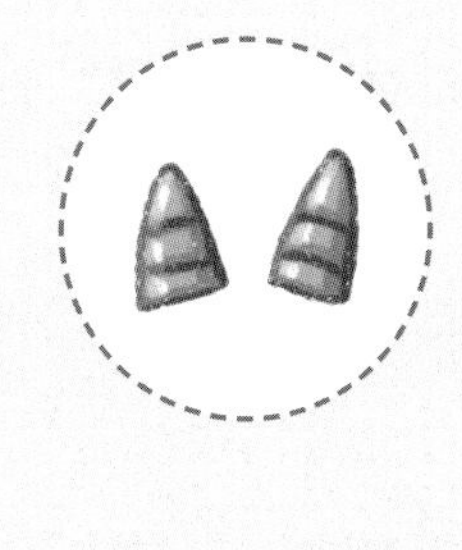

○ 안에 눈 붙임 딱지를 1개씩 덧붙이거나, 색깔 붙임 딱지를 1개씩 덧붙여서 다른 문제를 만들어 주세요.

그림 완성

3 짝짓기

가이드 영상

알맞은 붙임 딱지를 붙여서 그림을 완성하세요. 한두번딱지

함께 사용하는 것

짝짓기

함께 사용하는 것끼리 선으로 이으세요.

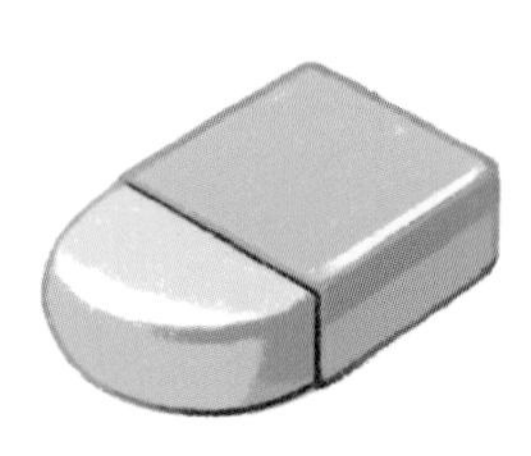

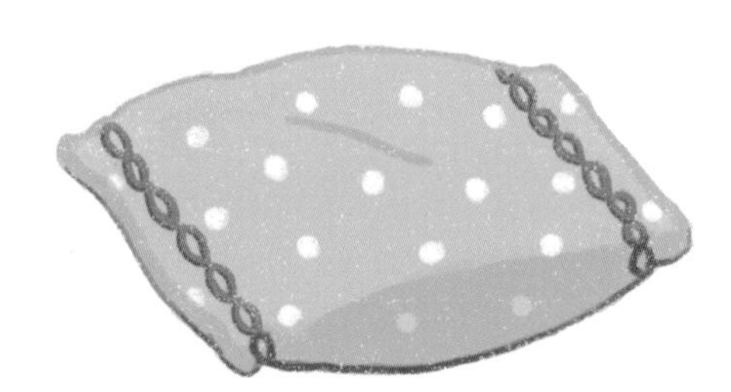

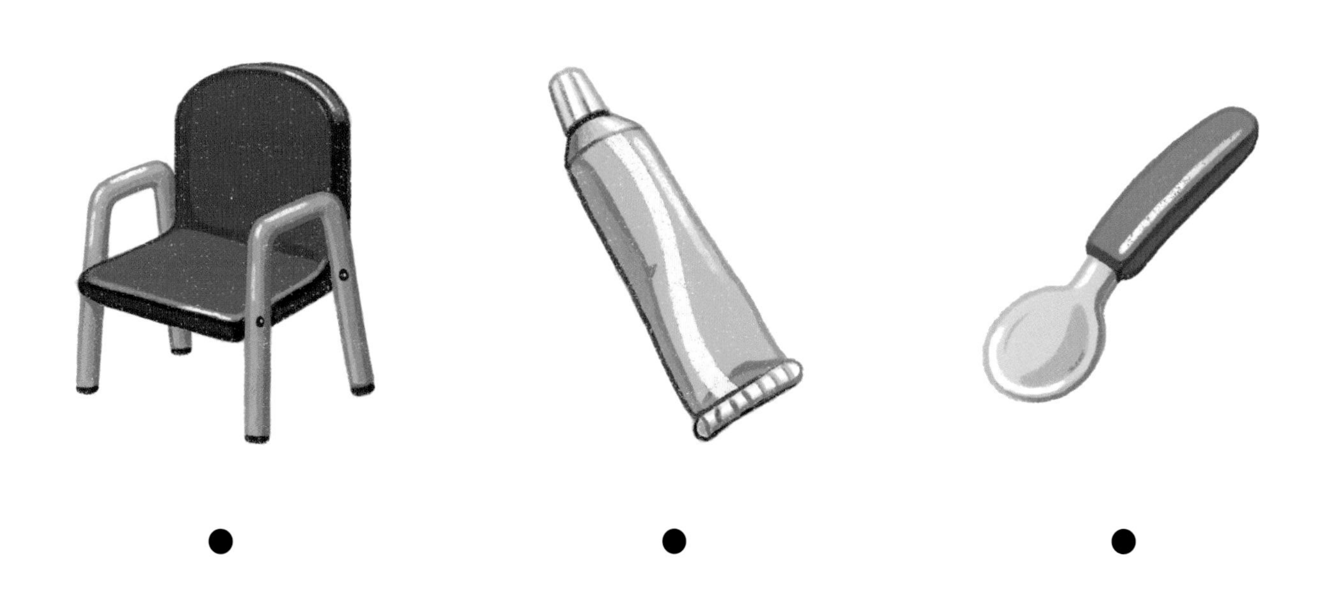

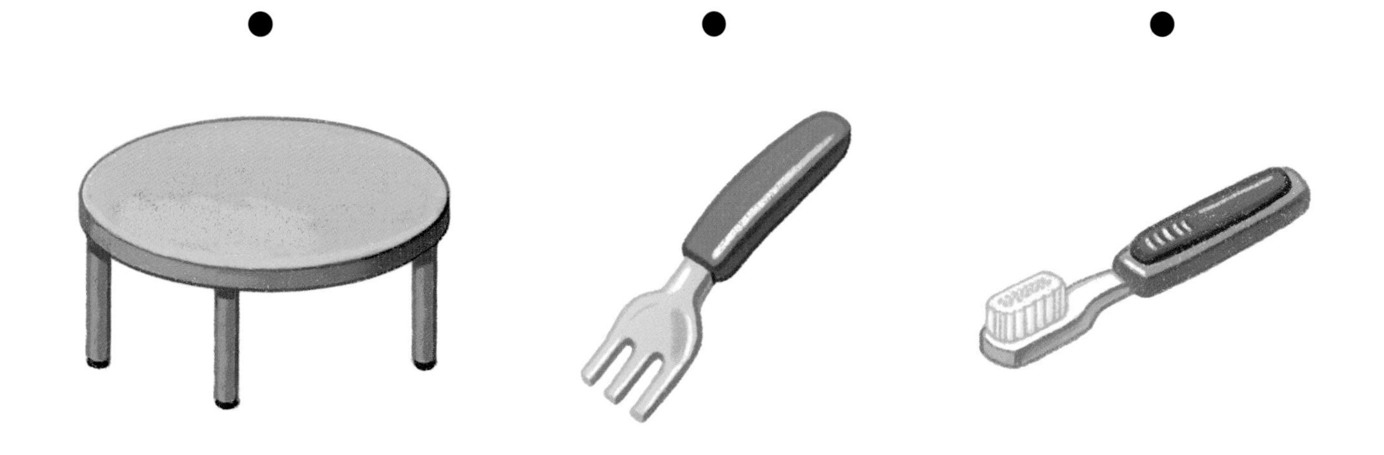

공통점 2

짝짓기

여러 가지 그림이 있어요.

빈칸에 알맞은 붙임 딱지를 붙이세요. 한두번딱지

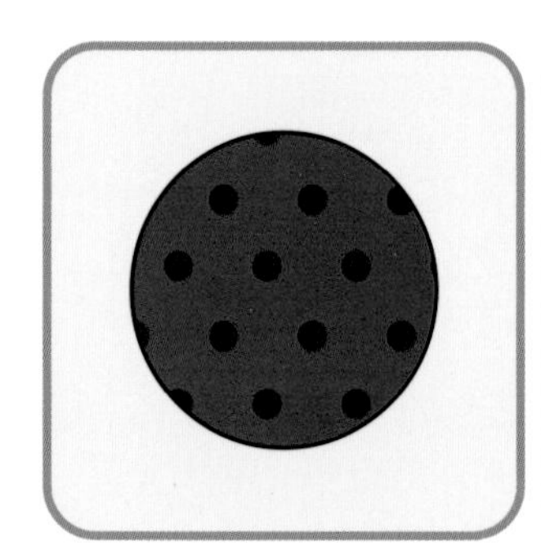
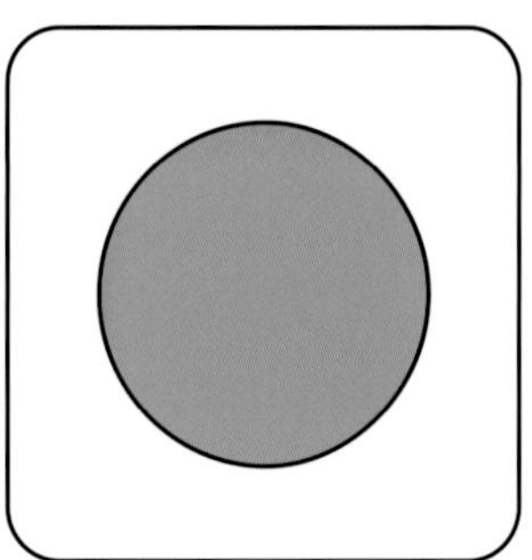

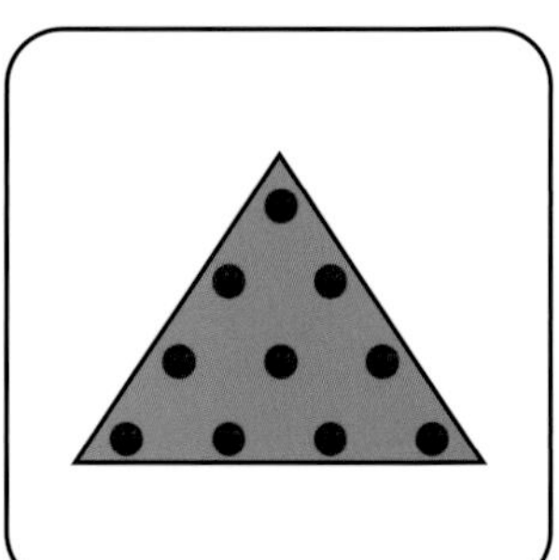
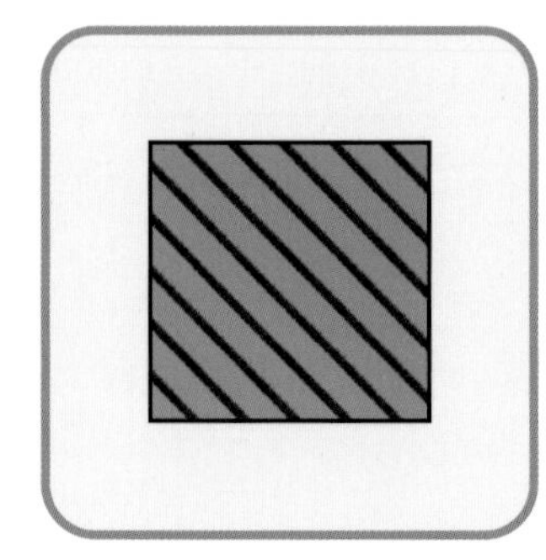

빈칸에 알맞은 붙임 딱지를 붙이세요. 계속딱지

22쪽처럼 모양, 색깔, 무늬 중 한 가지가 똑같은 한 쌍, 혹은 두 쌍의 붙임 딱지를 붙여서 문제를 만들어 주세요.

키가 더 큰 것

길이 비교

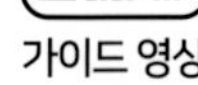

아래 그림을 보고 둘 중 키가 더 큰 것에 ○ 하세요.

다음 중 키가 가장 큰 것에 ○, 가장 작은 것에 △ 하세요.

긴 것과 짧은 것

 길이 비교

둘 중 더 긴 것에 ○ 하세요.

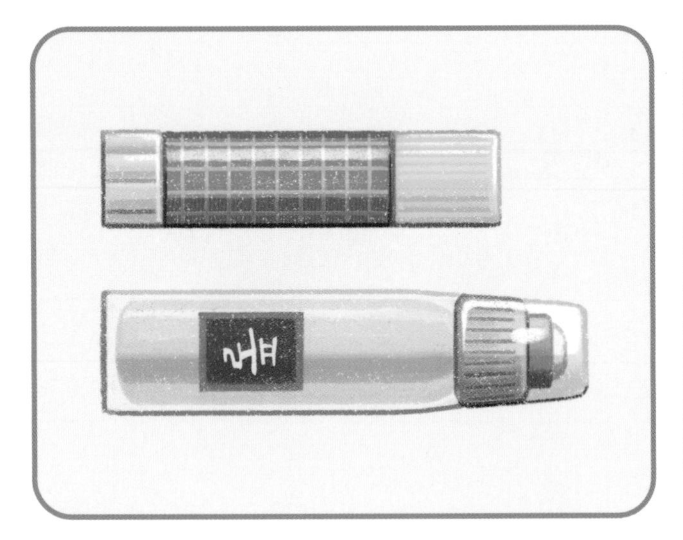

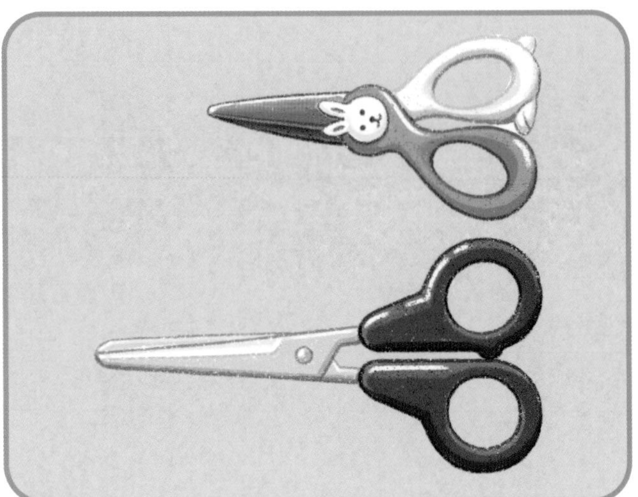

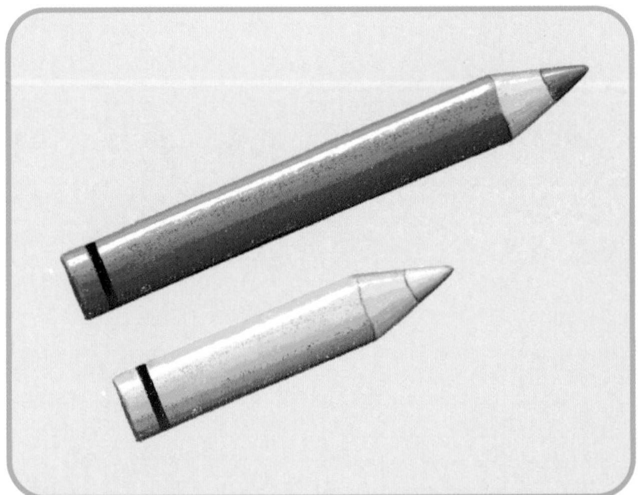

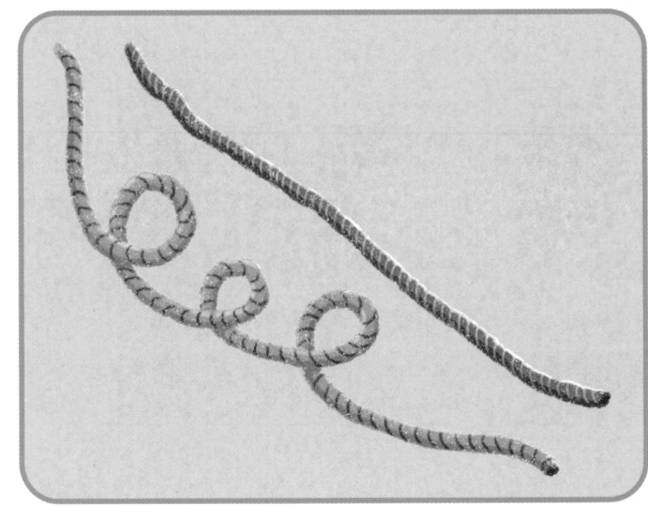

다음 중 길이가 가장 긴 것에 ○, 가장 짧은 것에 △ 하세요.

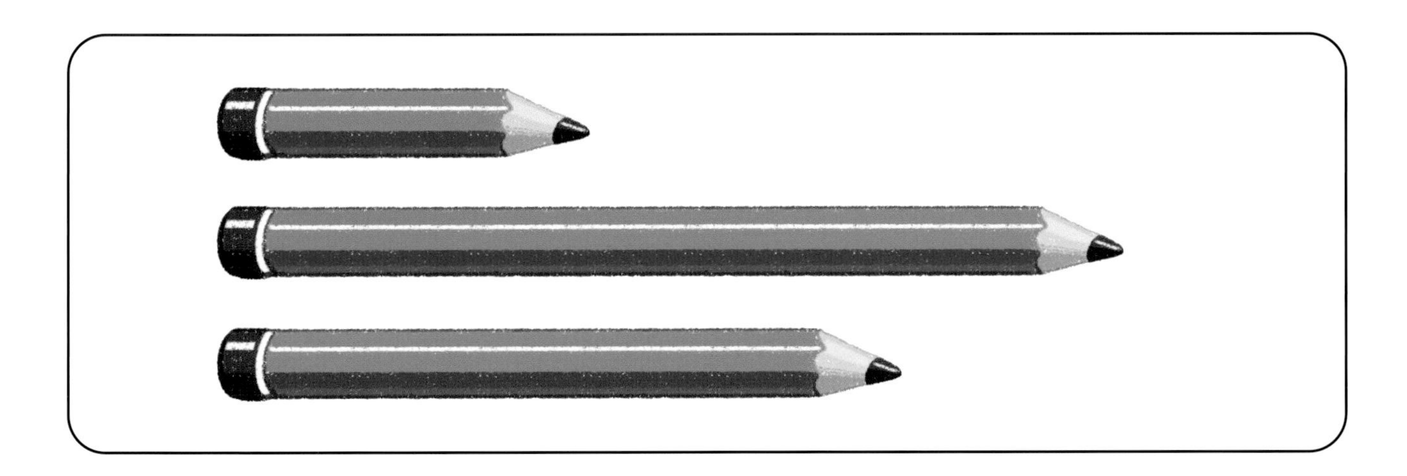

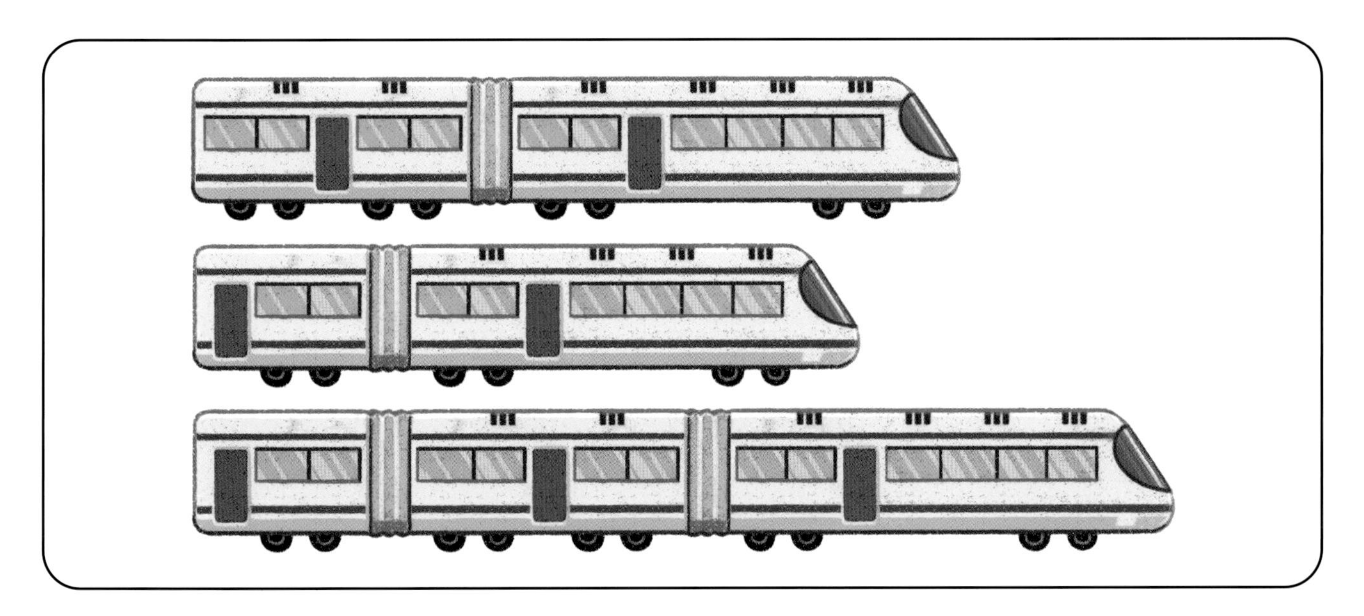

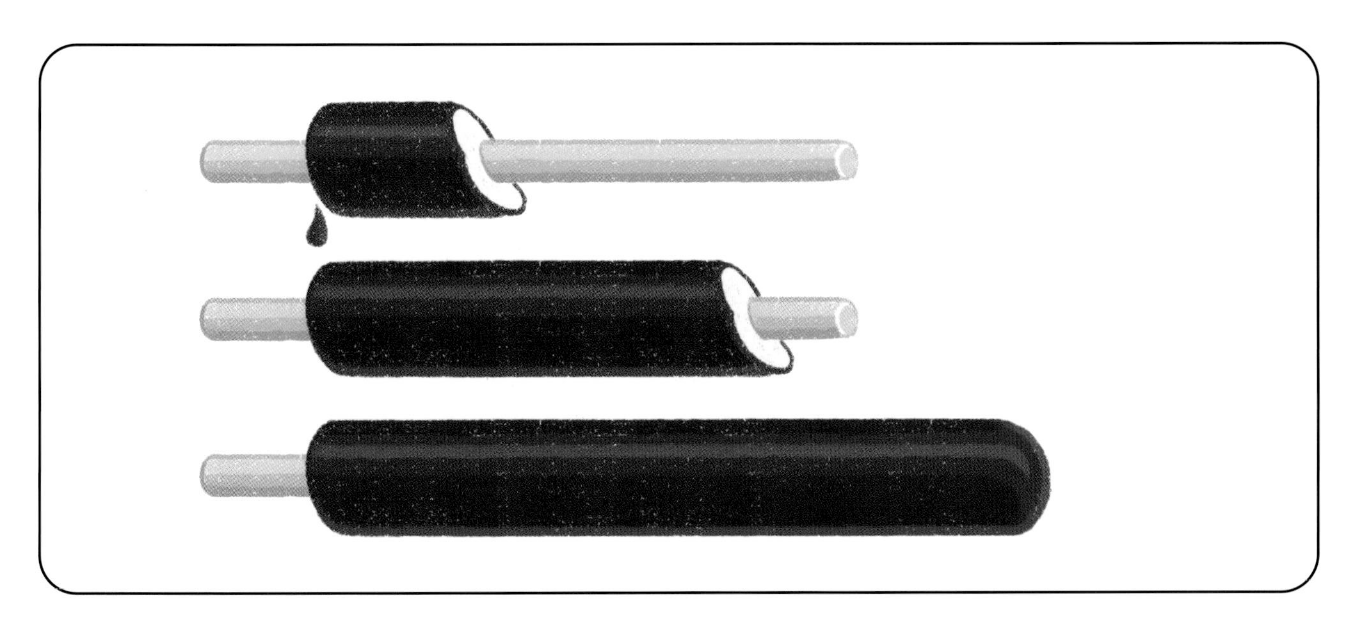

뱀의 길이를 비교해요

길이 비교

붙임 딱지를 이용해서 둘 중 더 긴 뱀을 찾아 ○ 하세요. 한두 번 딱지

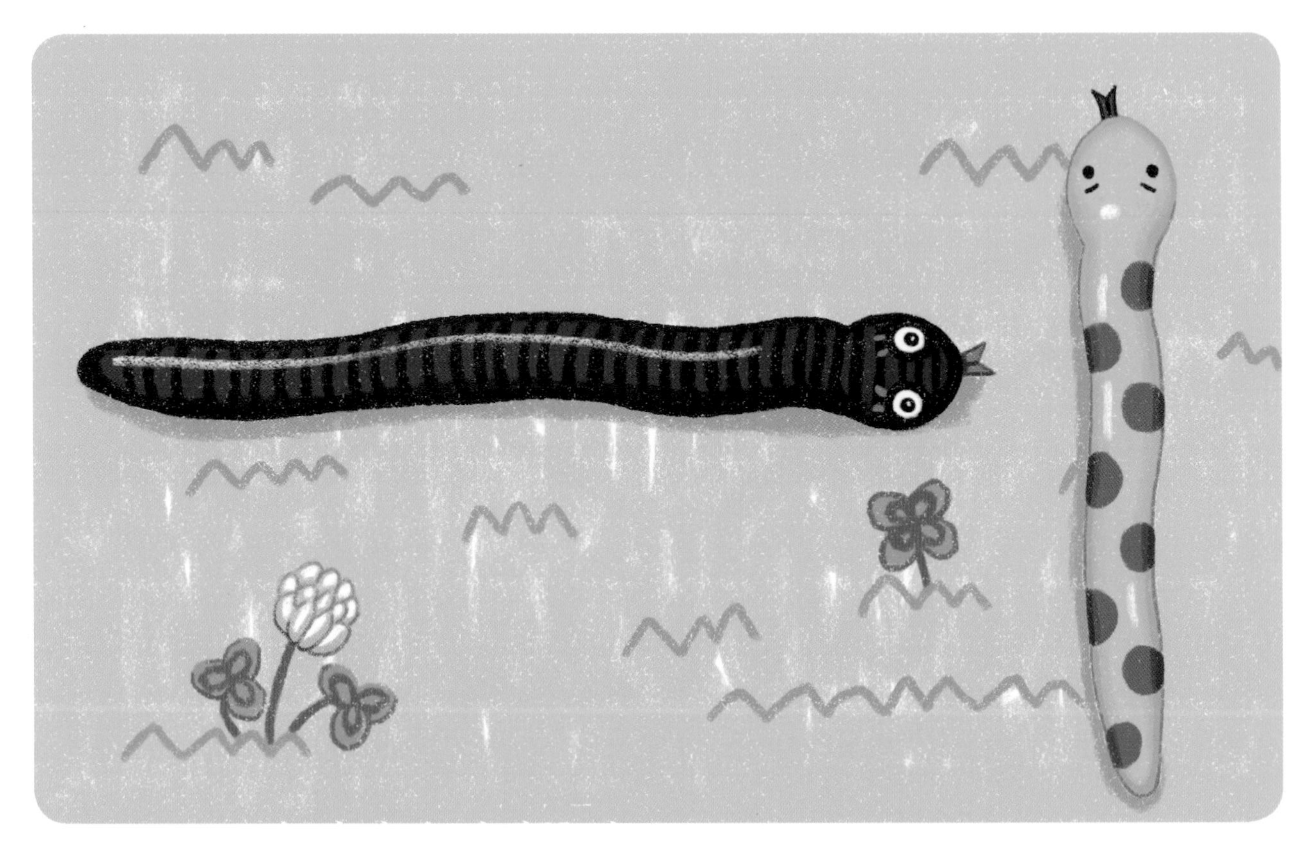

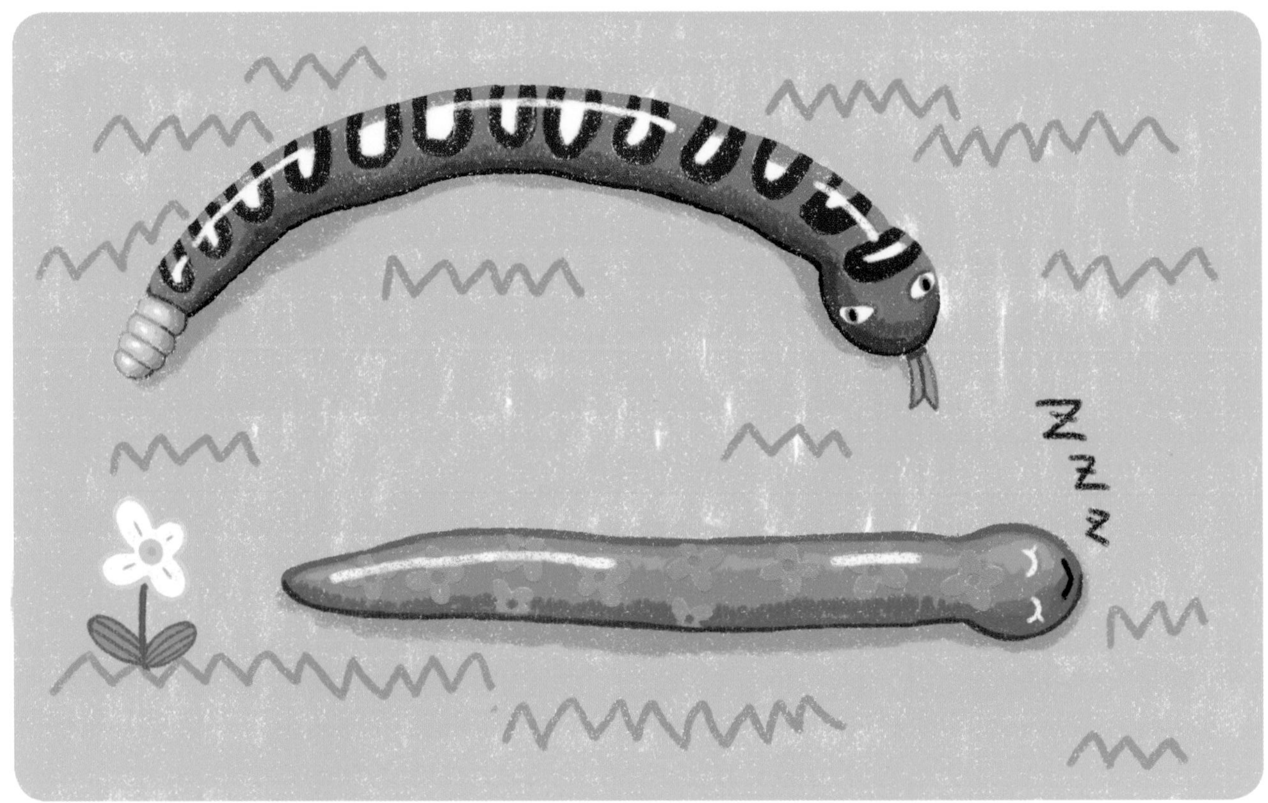

갈색 뱀 스티커를 붙이기 전에 스티커를 구부려서 길이가 같다는 것을 보여 주세요. 실이나 종이를 이용할 수도 있어요.

둘 중 더 짧은 것에 △하세요. 계속딱지

□ 안에 가지런하지 않게 색연필 붙임 딱지를 둘씩 붙여 주면 아이가 붙임 딱지를 뗐다 붙여서 길이를 비교할 수 있게 해 주세요.

무겁다 가볍다 / 많다 적다

5 무게와 들이

의자는 무겁고 풍선은 가벼워요.

둘 중 더 무거운 것에 ○ 하세요.

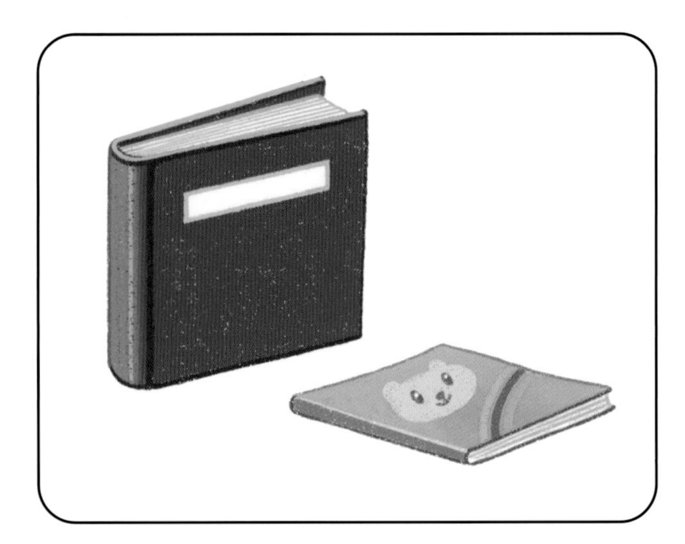

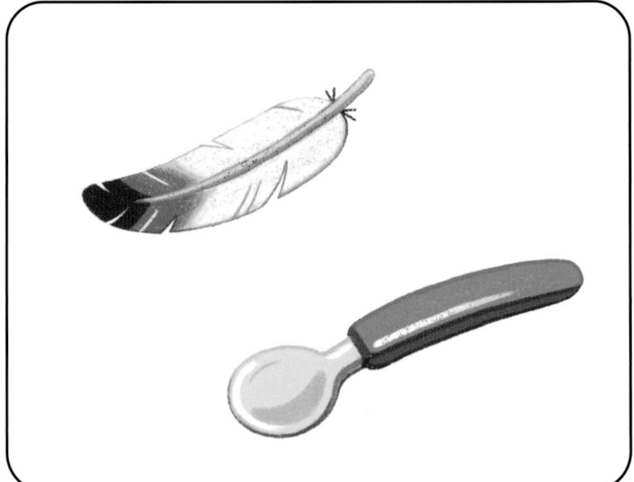

냄비의 물은 컵보다 많고 컵의 물은 냄비보다 적어요.

물을 더 많이 담을 수 있는 것에 ○ 하세요.

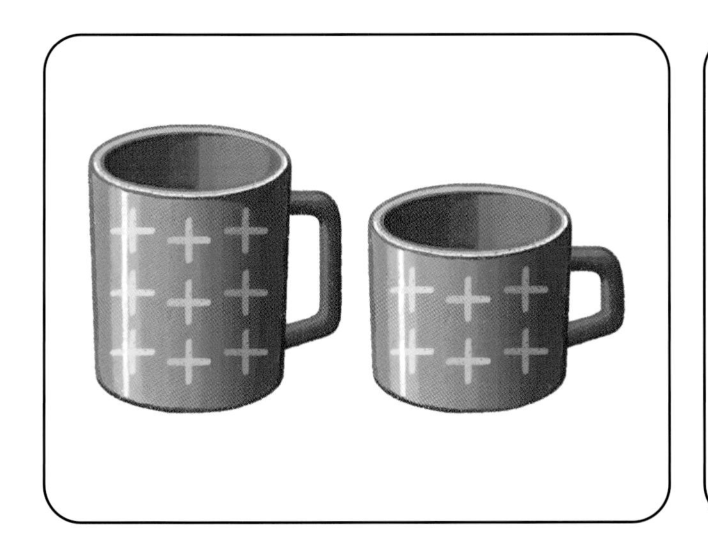

무게를 비교해요

 무게와 들이

둘 중 더 무거운 동물에 ○ 하세요.

같은 고무줄에 묶은 학용품 중 가장 무거운 것에 ○ 하세요.

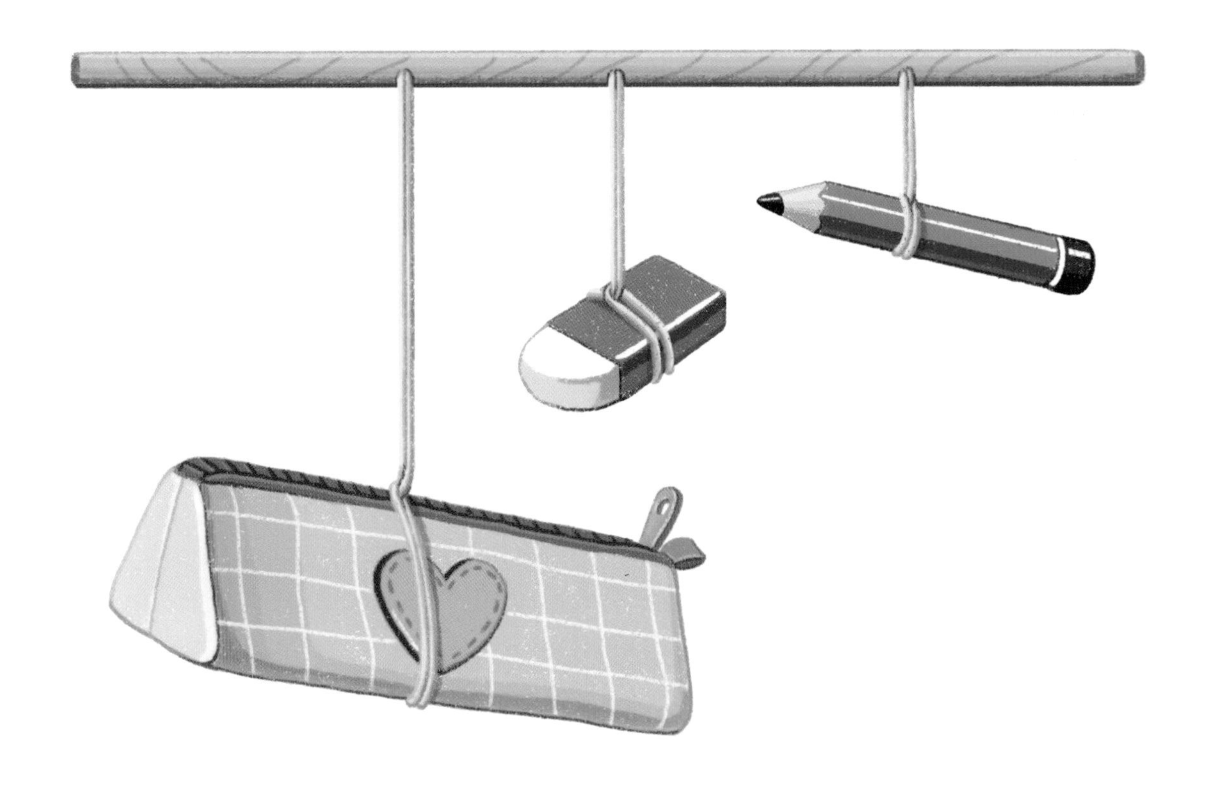

같은 배를 타고 가는 동물 중 가장 무거운 동물에 ○ 하세요.

우유의 양을 비교해요

무게와 들이

우유를 더 많이 마신 친구에 ○ 하세요.

크기가 다른 두 개의 컵이 있어요. 손잡이가 있는 컵에 우유를 가득 채우고 손잡이가 없는 컵에 옮겨 담았더니 가득 차지 않았어요.

이번에는 손잡이가 없는 컵에 우유를 가득 채우고 손잡이가 있는 컵에 우유를 옮기면 어떻게 될까요? 이야기해 보세요.

크기가 다른 2개의 컵으로 아이와 함께 실험해 보세요.

인형 가게

6 반복 규칙

가이드 영상

빈칸에 알맞은 인형 붙임 딱지를 붙이세요. 한두번딱지

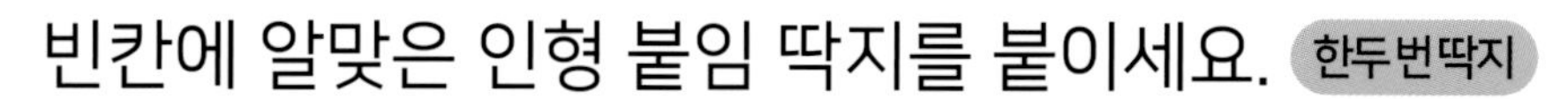

B

동물들의 율동

6-1 반복 규칙

동물들이 춤을 춥니다. 빈칸에 알맞은 동물 붙임 딱지를 붙이세요. 한두번딱지

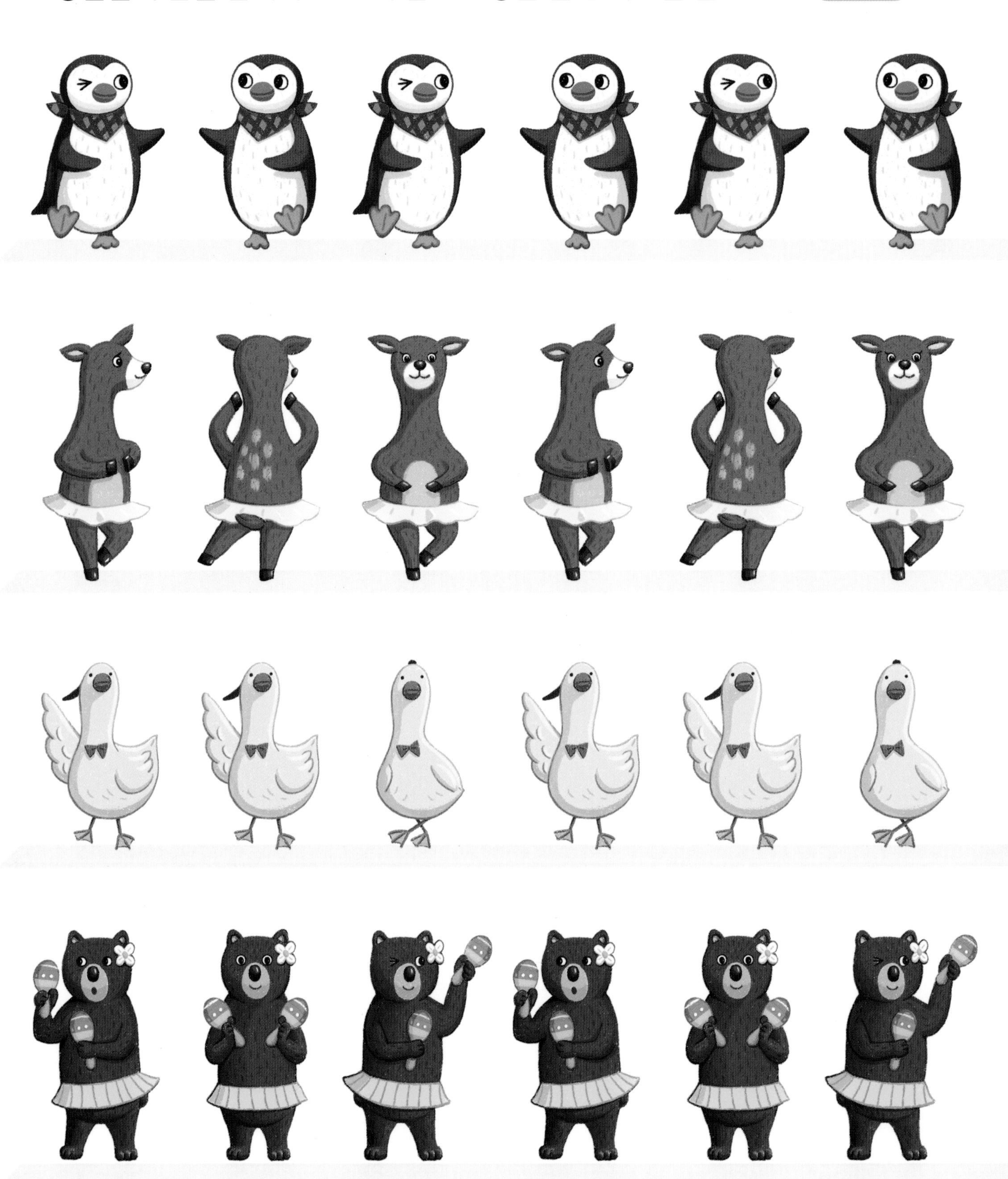

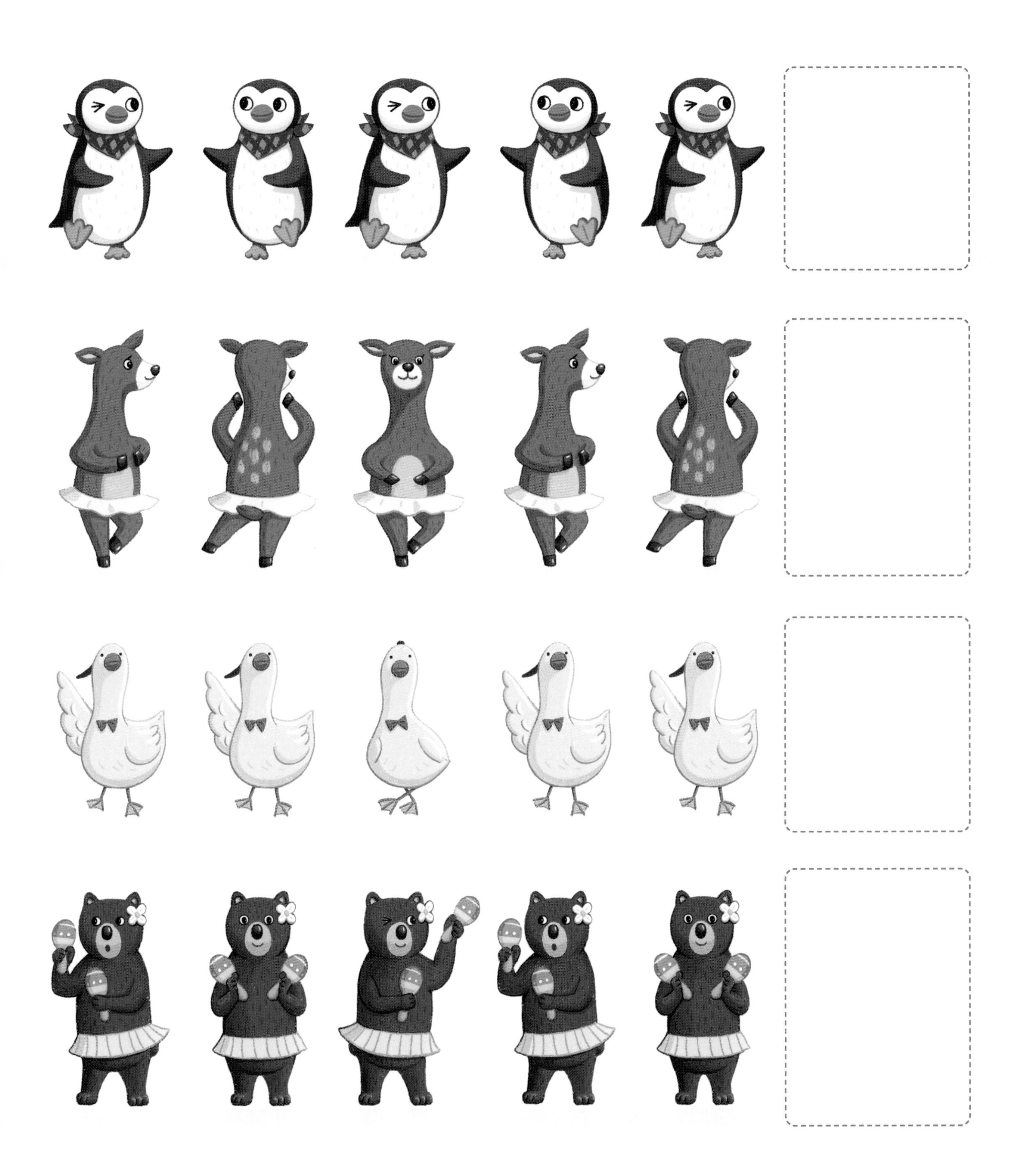

흰색과 검은색 바둑돌

6-2 반복 규칙

빈칸에 알맞은 바둑돌을 그리세요.

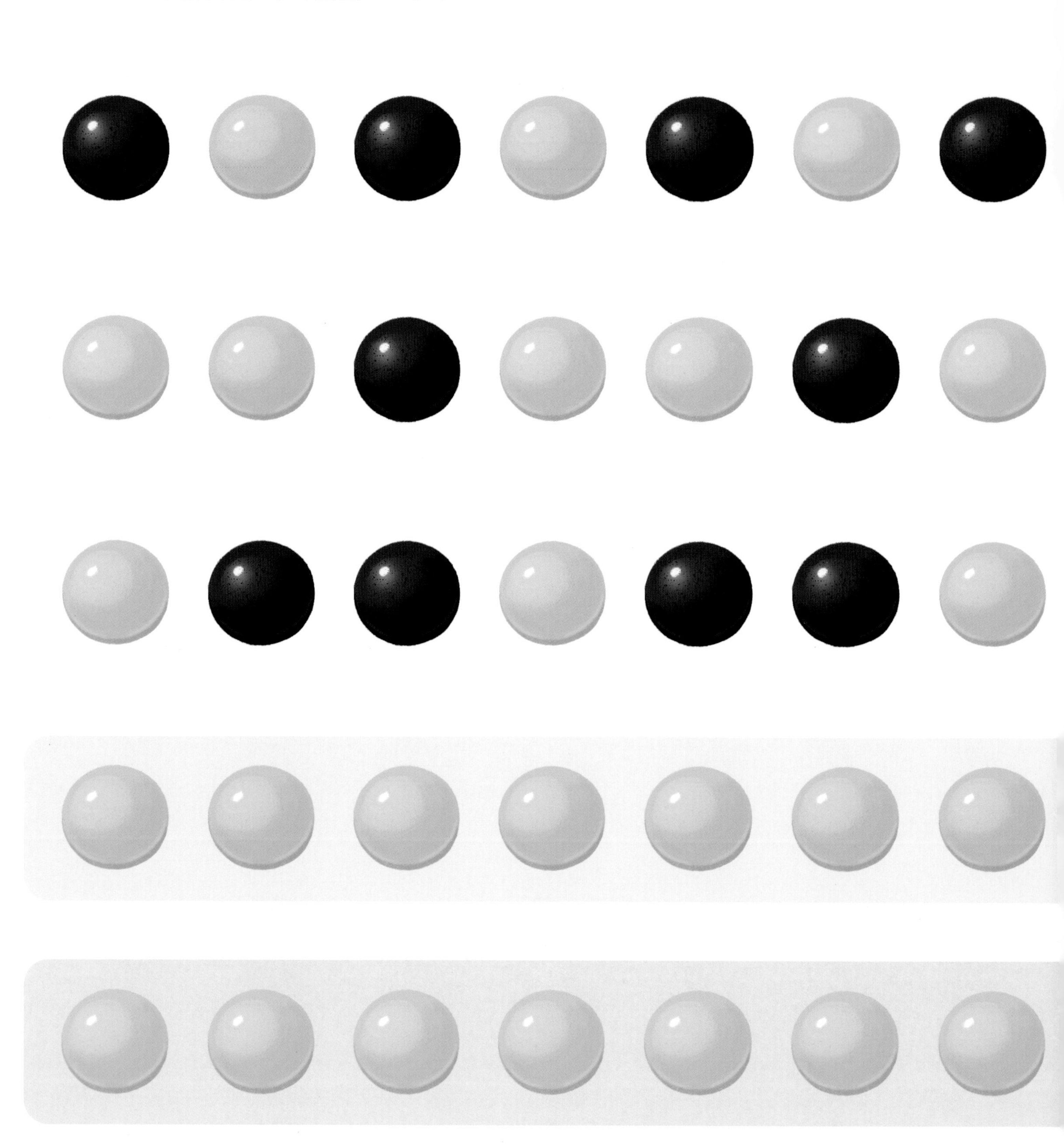

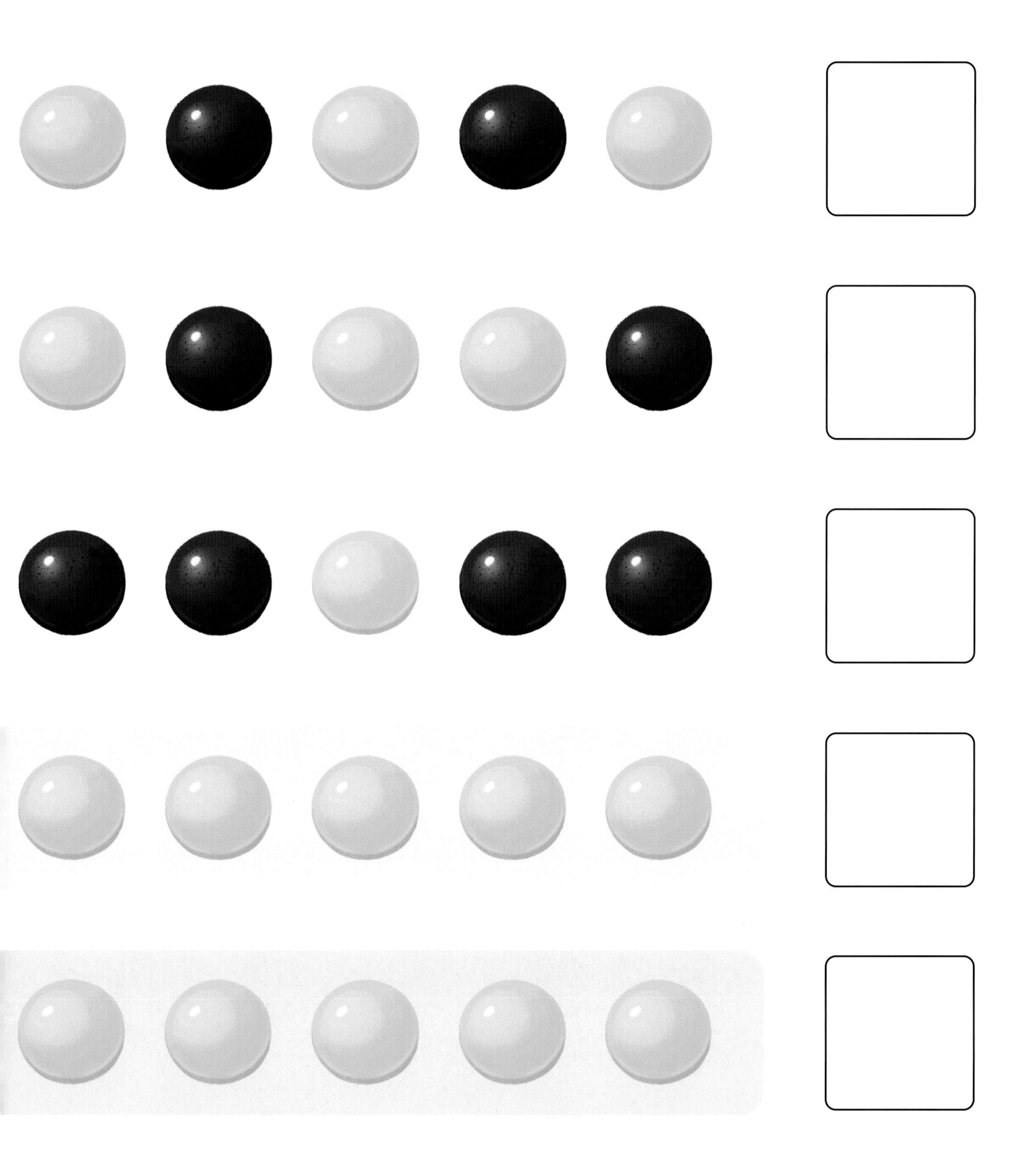

아래 두 문제는 흰 바둑돌 몇 개를 색칠해서 규칙을 만들어 주세요.

이불의 무늬 완성하기

여러 가지 규칙

가이드 영상

? 에 붙임 딱지를 붙여서 이불의 무늬를 완성하세요. 한두번딱지

? 에 병아리가 들어가는지 닭이 들어가는지 이야기해 보세요. 계속 딱지

그림 위에 ? 붙임 딱지 4장을 덧붙여서 문제를 만들어 주세요.

개수 반복

빈칸에 알맞게 붙임 딱지를 붙이세요. 한두번딱지

빈칸에 알맞은 그림을 그리세요.

○	○
○	
○	○
○	
○	○
○	
○	○
○	

오른쪽 □ 안에 모양을 그려서 개수가 반복되는 문제를 만들어 주세요.

요술 방망이

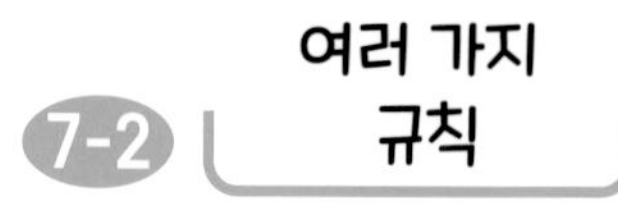

세 가지 색깔의 요술 방망이가 있어요. 요술 방망이로 물건을 두드리면 물건이 변해요.

요술 방망이로 두드려 변한 것을 찾아 ○ 하세요.

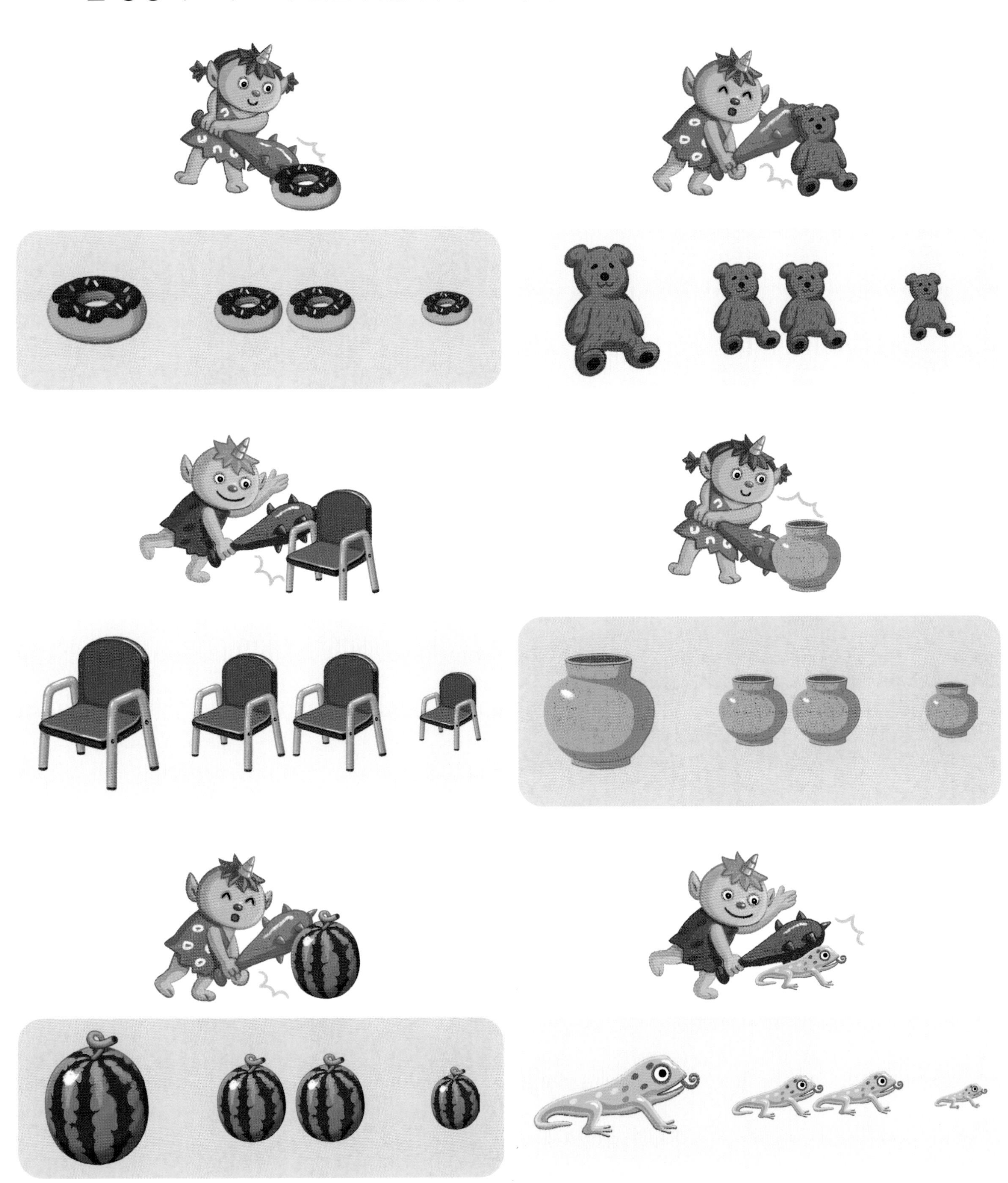

빈칸에 알맞은 붙임 딱지를 붙이세요. 한두번딱지

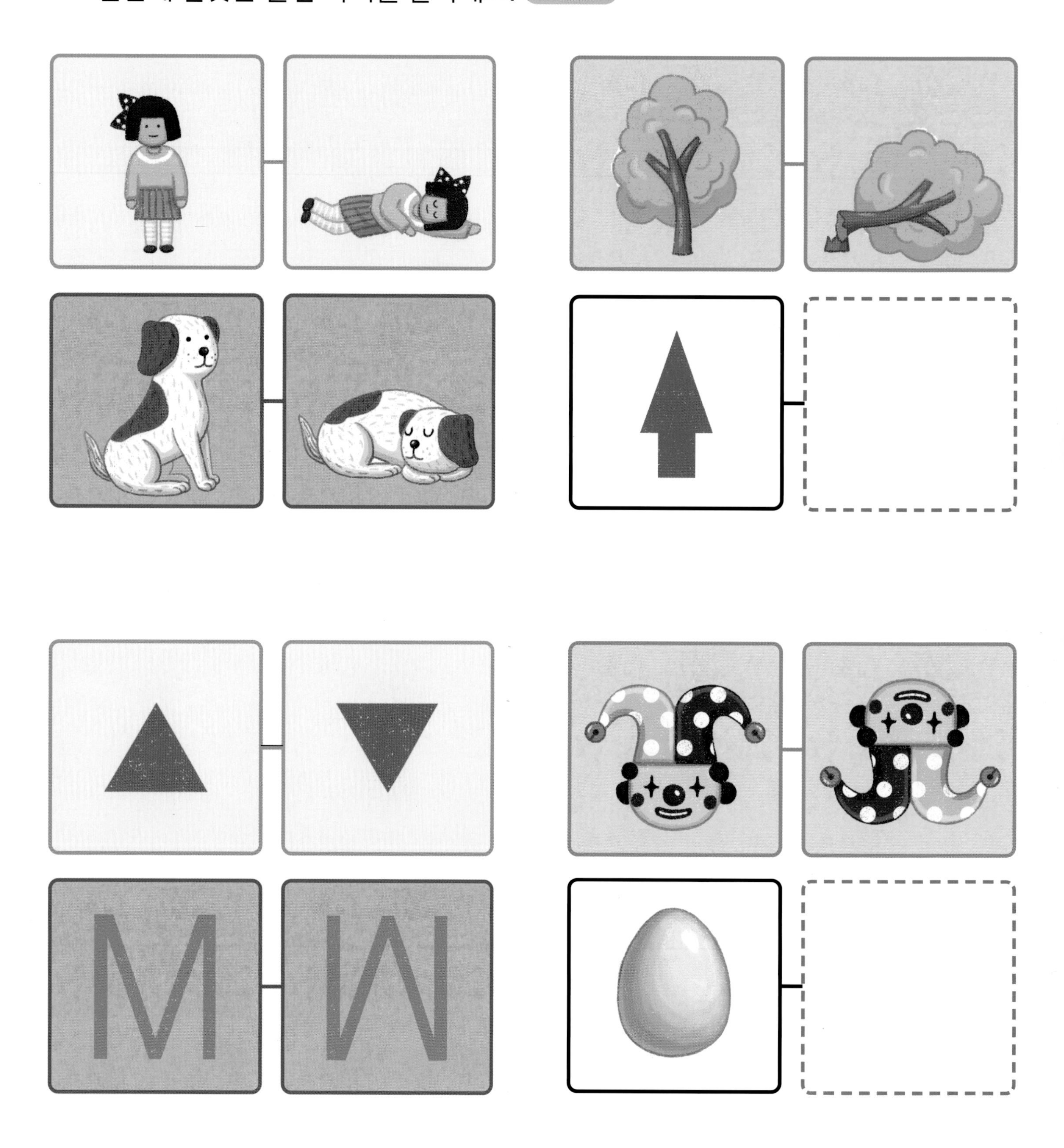

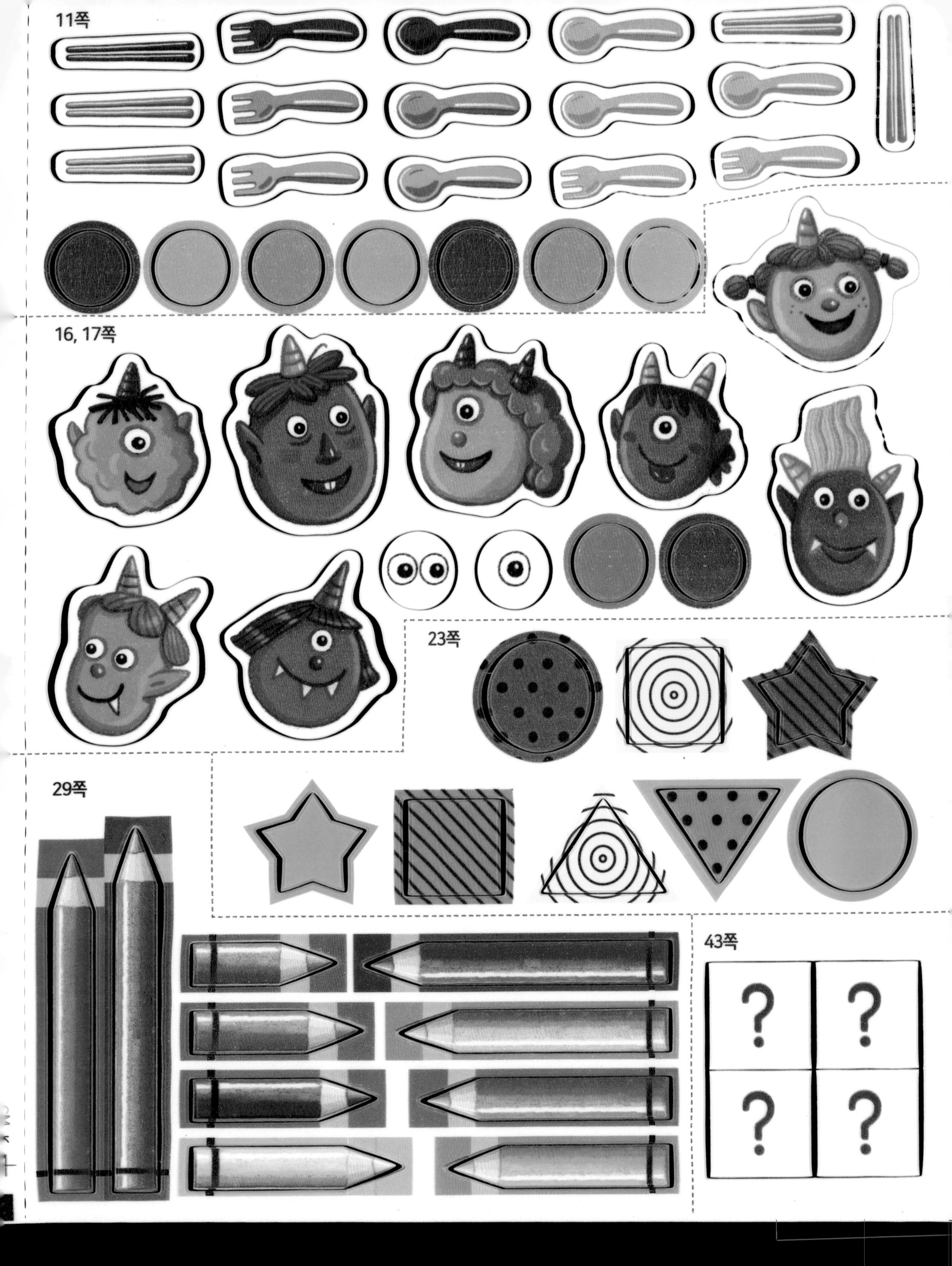
11쪽
16, 17쪽
23쪽
29쪽
43쪽
?
?
?
?

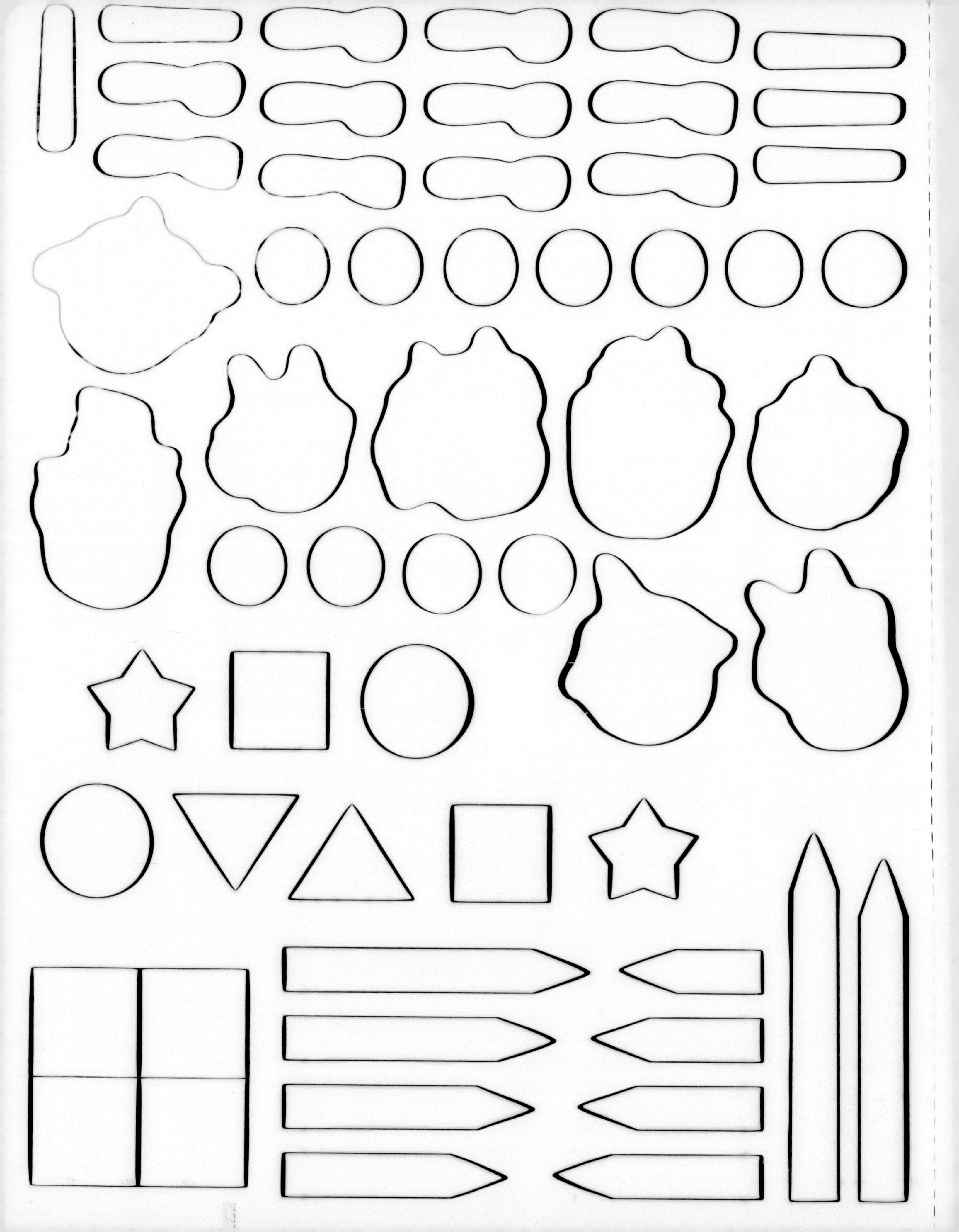

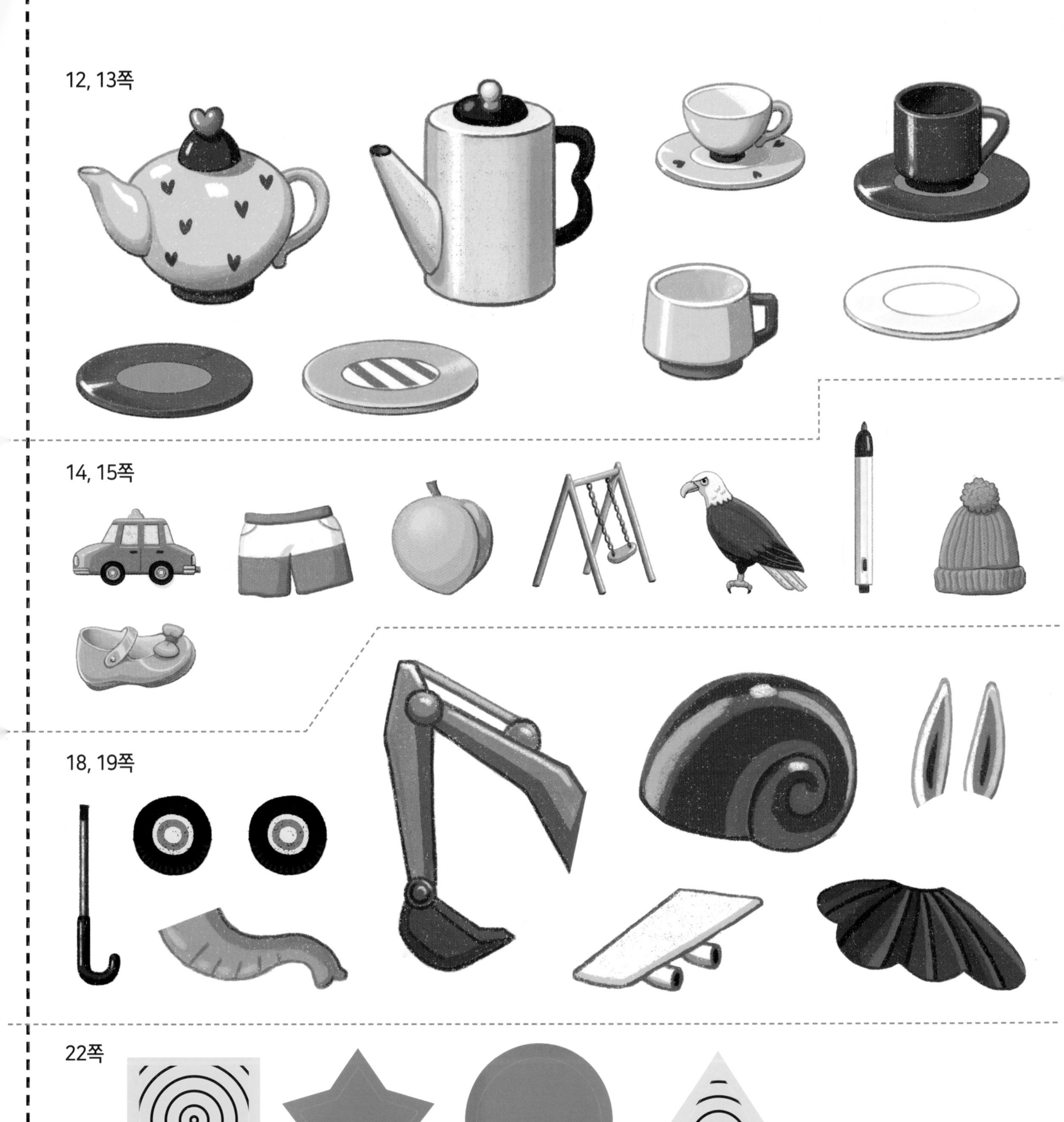

28쪽

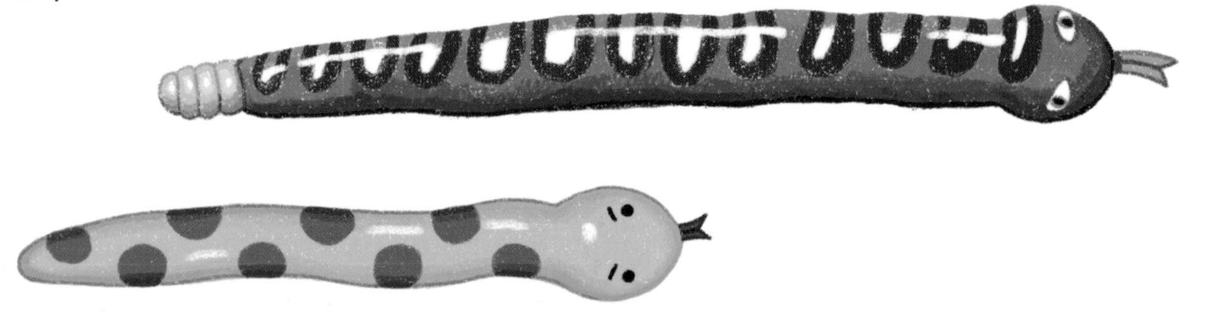

자르는 선

자르는 선